U0320654

一腔热血，笑谈『风云』

——研究型预报员周鸣盛、梁平德夫妇

梁平德　周鸣盛　著

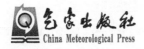

气象出版社

China Meteorological Press

内容简介

周鸣盛、梁平德夫妇1952年分别从浙江省和北京市考入北京大学物理系，为了响应国家号召，他们不约而同选择就读气象专业，因此而有缘相识、相知、相爱，共度一生，也因此找到了自己终生的事业，将美好年华献给了中国气象事业，与神州大地的风云雷电结下不解之缘。本书以梁平德女士的视角，带我们重回周鸣盛、梁平德夫妇求学、工作的峥嵘岁月，讲述了他们从心怀报国志、进入北大与气象结缘，到工作中历经种种依旧不改初心、自始至终潜心在气象领域深耕的人生经历。字里行间向我们展示了老一辈气象科技工作者们朴实真挚的爱国情怀和勇攀高峰、严谨治学、无私奉献的科学家精神。

图书在版编目（ＣＩＰ）数据

一腔热血，笑谈"风云"：研究型预报员周鸣盛、梁平德夫妇 / 梁平德，周鸣盛著. -- 北京：气象出版社，2023.12

ISBN 978-7-5029-8098-6

Ⅰ. ①一… Ⅱ. ①梁… ②周… Ⅲ. ①气象－工作概况－中国 Ⅳ. ①P468.2

中国国家版本馆CIP数据核字(2023)第219044号

一腔热血，笑谈"风云"——研究型预报员周鸣盛、梁平德夫妇
Yi Qiang Rexue, Xiao Tan "Fengyun" ——YanjiuXing Yubaoyuan Zhou Mingsheng、Liang Pingde Fufu

出版发行： 气象出版社

地　　址：北京市海淀区中关村南大街46号		邮政编码：100081	
电　　话：010-68407112（总编室）　010-68408042（发行部）			
网　　址：http://www.qxcbs.com		E-mail：qxcbs@cma.gov.cn	
责任编辑：黄海燕		终　　审：张　斌	
责任校对：张硕杰		责任技编：赵相宁	
封面设计：博雅锦			
印　　刷：北京中石油彩色印刷有限责任公司			
开　　本：889mm×1194mm　1/32		印　　张：2.75	
字　　数：50千字			
版　　次：2023年12月第1版		印　　次：2023年12月第1次印刷	
定　　价：30.00元			

本书如存在文字不清、漏印以及缺页、倒页、脱页等，请与本社发行部联系调换。

序

    周鸣盛、梁平德夫妇 1952 年分别从浙江省和北京市考入北京大学物理系，为了响应国家号召，他们不约而同选择了读气象专业，因此而有缘相识、相知、相爱，共度一生，也因此找到了自己终生的事业，将美好年华献给了中国气象事业，与神州大地的风云雷电结下了不解之缘。

    周鸣盛大学毕业分配到沈阳中心气象台担任预报员。梁平德分配在中央气象局工作，1959 年调辽宁省气象局工作，分别在中心气象台、地区气象台、县气象站任预报员。1978 年夫妇二人调到天津后，继续从事天气预报业务与科研，直到退休。60 多年来，他们共同见证了我国气象事业的快速发展及取得的累累硕果，将自己的气象人生融入了国家气象事业发展的历程之中。

    周鸣盛、梁平德夫妇二人始终心系气象，即使退休，他们仍然关心每次重要天气过程，把自己潜心研究成果及心得告诉预报员，指导在岗业务人员开展科学研究、撰写科研论文。

周鸣盛、梁平德夫妇热爱气象事业。回首往事，他们深情地说："我们为在气象部门工作感到骄傲、荣幸！"20世纪50年代末，气象部门大力发展了气象站建设，全国达到县县有站，同时开始进行长期天气预报和人工降水试验，这都是利国利民的好事；全国的气象观测一直持续，保持了连续的观测数据，气象台也保证了预报服务，说明气象队伍是一支经得起考验、有严格科学精神的队伍。这种精神体现在每日、每时、每刻，贯穿于都市和偏远的山村。这支队伍里的每一员，从涂长望局长等老一辈气象学家到县站观测员，从研究员、预报员到观测员，都值得敬重。

本书以梁平德女士的视角，带我们重回周鸣盛、梁平德夫妇求学、工作的峥嵘岁月。全书分七个部分来讲述周鸣盛、梁平德夫妇半个多世纪所经历的那些气象人与气象事，字里行间向我们展示了老一辈气象科技工作者们朴实真挚的爱国情怀和勇攀高峰、严谨治学、无私奉献的科学家精神。

中国工程院院士 丁一汇

2023 年 10 月

目 录 ___ CONTENTS

一

求学于北京大学，
与气象结缘

1952 年我国高考制度改革，由原来的分学校招考和大区招考，改为全国统一高考。那年周鸣盛和我（梁平德，下同）都处在高考时期。当时是考前报名，学校给毕业班的学生们拿来报名表，大家自己填。每个人可以填报 3 个志愿，每个志愿报 5 个学校。

周鸣盛出生在浙江省诸暨市，高中就读于杭州第一中学。当时他对高考志愿怎么填报并不是很清晰，想报考物理，也想报考经济，也想学历史，最后专业上还是首选了物理。因为周鸣盛的哥哥及一些亲戚都在上海，所以他想报考上海复旦大学的物理系。但后来同学们在一起讨论填报志愿，都说还是北京好，北京是首都，是全国的中心，所以周鸣盛最后下决心报考北京大学物理系。

我出生在北平（现北京）。抗日战争爆发的时候，我还小，跟随家人辗转于江苏、安徽、湖北、湖南、贵州、江西、广西、四川等地，曾就读于 11 所小学。直至抗日战争结束的第二年，我才回到北平，就读北平第一女子中学。1949 年，我考入北平第二女子中学读高中。抗日战争给我留下的印象非常深刻，我的父亲一直在抗日战争的前线，经历了无数次大小战役，抗日战争结束才与我们在北平团聚。艰苦的抗战岁月使我懂得，正是因为国家贫弱，才会遭到残酷的侵略，经过数千万人的英勇牺牲，才取得抗日战争的胜利。世界上有科学技术发达的强国，我们将来也要把国家建设得更富强。那个时候我认为富强救国，物理最重要。国家具体需要哪些工业项目我不清楚，但是我相信，无论什么科学技术的发展，都需要物理学作为基础。所以我的第一志愿就报物理专业，第一志愿学校就报北京大学，而且只报了北京大学。

1952 年我和周鸣盛都如愿收到了北京大学物理系的入学通知书，高兴的心情自是无以言表，心里都怀着做物理学家的憧憬。当时我想，做不到居里夫人那样的水平，得不了诺贝尔奖都不要紧，能做一名好的物理学研究人员就行。

这一年，北京大学物理系共招录 281 名学生，这是包含了物理和气象两个专业的学生。但是当时人们对气象并不了解，我和周鸣盛都认为，考入物理系，就是学物理专业。后来才知道，在录取的这 281 名学生中，只有两个人报了气象专业，而学校计划的是有一半的人要学气象。

1952 年北京大学初设气象学专业，是由清华大学调整过来并入物理系的，这样北京大学物理系就包括了物理专业、气象专业及气象专修科。物理专业和气象专业学制四年，气象专修科学制为两年。当时正逢抗美援朝，国家特别需要气象人员，需要尽快培养出人才，充实气象队伍，所以设置了两年制的气象专修科。

由于大家对气象专业缺乏了解，学校组织了学生进行学习讨论，还专门请了中央军委气象局局长涂长望和中国科学院地球物理研究所所长赵九章做报告。当时我国气象工作为军队建制，中央军委气象局成立于 1949 年 12 月 8 日，其单位全称为中央人民政府人民革命军事委员会气象局，局长涂长望，副局长张乃召、卢鋈。涂长望局长和赵九章所长为同学们介绍气象学科，讲解气象工作的重要性，特别是新中国成立初期，又是抗美援朝时期，国家建设和发展我国空军和航空事业都急需气象人员。赵九章还特别讲道："同学们都是喜欢学物理的，没错，大家不了解气象，气象就是研究大气的物理问题，用物理的方法研究大气，还是物理。"

在老一辈气象学家的感召下，学生们学习气象、报效国家的热情被激发了。当时北京大学培养学生全部是公费，吃住都由国家承担，一进校就安排住处，发用餐饭票。我们都心生感动，认为国家给了这么好的学习条件，国家有需要，我们就应该坚决响应国家的号召。周鸣盛在填写志愿时表示要为气象事业奋斗终生，我也表示服从国家需要，服从分配。最终我和周鸣盛被分到气象专修科学习气象学。与我们同时考入北京大学物理系的广东同学曾庆存被分到气象专业时，一开始不愿意学气象，为此还去找教务长周培源。后来他坚持了下来，学了气象专业，到苏联留学后回国，成为我国著名的气象学家、科学院院士，还获得国家最高科学奖。

气象专修科的班主任是我国著名的气象学家谢义炳先生。谢义炳先生是1950年从美国博士毕业回国的，是现代气象学和海洋学的开拓者罗斯贝的学生。谢先生担任气象专修科的班主任，同时讲授天气学。谢先生第一课就讲了整个世界的天气学发展水平，讲了挪威学派、芝加哥学派。他信心满满地说："我们在东方，我们要建立自己的学派，叫东方学派。"他鼓励同学们一起来建立气象学的东方学派。谢先生的课给同学们很大的触动，他的话激励学生们不仅要做好气象预报，而且要承担起发展气象理论的任务。听了谢先生的话我们非常震撼，自问我们行吗？谢先生的话给我们留下的印象很深，是一辈子的印象，当时我们就立下志愿，要一起努力建我们的东方学派。专修科毕业后第三年（1957年2月），周鸣盛在中央气象局出版的《天气月刊》上，发表了以日常预报值班工作中出现的中国天气问题为研究内容的文章，文章题目为《1955年7月11—13日渤海气旋的锋面分析》，这篇文章就是在谢先生的影响下做的工作，也得到了谢先生的认可。

通过60多年的学习与实践，我们充分地认识到，中国的天气气候与欧美等其他地域的天气气候确有不同之处，确实需要我们在实践中发展自己的理论。

气象专修科开设的课程有高等数学、普通物理、天气学、普通气象、气象观测、无线电、自然地理、气候、动力气象、政治等。那时专业课没有教科书，天气学、普通气象、气象观测、气候等都是老师发讲义。高等数学学习的是苏联《斯米尔诺夫高等数学》。

班上的每一位老师都倾心授课，学生们从中汲取知识，受益终身。李宪之教授是北京大学大气物理研究室主任，曾在德国留学，以前任清华大学气象系主任，1952年院系调整，调到北京大学物理系。在20世纪30年代气象资料十分稀少的情况下，李先生研究提出影响东亚寒潮的三个路径，即西北路径、西方路径和北方路径，至今仍是气象界认可的正确结论。李宪之教授对学生们影响很大，他授课时，走廊里都站满了人。虽然李先生没给气象专修科上过课，但他非常受我们这些学生的崇拜和喜爱。专修科的数学老师是徐献瑜教授，他是很有名的数学教授，后来专门研究计算数学，在50年代就开始研究计算机，建有数学软件库。王选等著名科学家都是出自他的门下。数学是气象学科的基础，学校对基础课要求很高，所以数学老师非常重要。徐献瑜教授为气象专修科的学生们打下了坚实的基础。

那时候我们求学，渴望着在老师那里学习更多的知识，我们有幸受到谢义炳教授、徐献瑜教授以及胡国章、仇永炎、唐智愚、闫开伟、赵柏林等先生的亲切教诲，感恩老师们传授给我们的一切一切。

专修科第一年有观测实习，观测实习在学校。那时候北京大学有观测场，中央军委气象局派两个教员教学生们观测，从观测气象要素到填图，最后到发报。专修科的第二年，也就是1954年，是毕业实习，学习天气预报制作。当时按照毛泽东主席和周恩来总理联合发布的命令，为使气象工作更好地服务于国民经济建设，气象部门从军队建制转为政府建制，原中央军委气象局更名为中央气象局（1953年8月1日），原各大区气象台改为中心气象台。专修科的同学大多到中心气象台实习。周鸣盛到武汉中心气象台实习，我到沈阳中心气象台实习，实习期一个月。

周鸣盛在武汉中心气象台实习时，正值长江大水（1954年7月），长江的水位高于路面，就是人们常说的"悬河"，人在汉口街上走，长江的船得仰头看。他在武汉实习的一个月几乎每天都在下雨。中心气象台的预报员张汉松提出，这是梅雨形势。当时气象观测站很少，资料也很少，对梅雨形势没有什么分析。一位老预报员凭着经验及对天气形势的认识，就能准确判断出1954年长江大水为梅雨形势，这使周鸣盛很受教育，内心充满了对预报员的敬佩，也更加坚定了要成为一名优秀预报员的决心。

1954年8月，气象专修科的学生实习结束，完成预定学业，开始分配工作。我们的同学中，李其琛、陈受钧和张霭琛3人在北京大学留校任教。邬鸿勋、章名立和孙国英分配到中国科学院地球物理研究所，还有的同学分到了部队，大部分同学则分配到东北、西北、华北各省（区、市）气象局。这一年南京大学也有气象专修科毕业班，所以南京大学毕业的学生分配到南方省（区、市）气象局，北京大学的毕业生分配到北方的省（区、市）气象局。我和周鸣盛被分到东北。在离开北京大学前夕，周鸣盛找到班长吴达三商量说，大家分配到各大区气象部门，上面领导机关是中央气象局，咱们可以先到中央气象局报到。于是周鸣盛和吴达三一起到了中央气象局，找到人事处，人事处的工作人员还不知道北京大学有这么多同学毕业到气象部门工作，忙说："好，明天我们去接。"第二天就派了敞篷大卡车，把同学们从北京大学接到中央气象局。到中央气象局报到的当天，气象局就给同学们发了半个月的工资。次日，涂长望局长亲自主持欢迎会，会上还为同学们摆上水果、糖块，同学们都很兴奋。会后进行了重新分配，有的同学分配到北方各省（区、市）气象局，如青海、新疆、黑龙江、辽宁、山西等地气象局。潘汉明、钱增进、龚美珠和高传苹 4 人分到了中央气象台，我被分配在中央气象局天气处。涂长望局长亲自查看每一位学生的档案，当时学生的学习成绩采用苏联记分方式，满分为 5 分。这届气象专修科的学生两年考试成绩全 5 分的只有我和留在北京大学任教的李其琛。涂长望局长就是看过我的档案，才决定把我留在中央气象局工作的。周鸣盛一开始分配到黑龙江省气象局，当时有个同学分到沈阳中心气象台，但他因为种种原因不愿意去沈阳，愿意去哈尔滨，最后就换成这个同学去了黑龙江省气象局，周鸣盛去了沈阳中心气象台。

1956 年我到辽宁省气象局出差，与周鸣盛确定了恋爱关系，并于 1957 年结婚。婚后我们二人两地分居。这期间，有两次机会调周鸣盛去北京，一是去民航机场，二是到中央气象台做农业气象工作。但周鸣盛不愿放弃预报员的工作，我也想从事天气预报工作，所以，1959 年初，我选择调沈阳中心气象台任预报员，自此结束了分居生活。

现在想来，我们二人 1952 年从相隔两千多公里的南北两地，为了同一志向相聚在北京大学，又都响应国家号召选择迈进气象大门。从相识、相知，到相恋，到结婚，一起走过了 60 多年的气象之路，我们的人生也算是丰富多彩的。

1954 年北京大学物理系气象专修科毕业班全体同学与老师在北京大学办公楼前合影。前排左起为老师张玉玲、沈锺、陈文琦、霍鸿暹、严开伟、李宪之、谢义炳、仇永炎、唐知愚、杨大升。前二排左起第五人为梁平德，第三排右起第三人为周鸣盛。

二

进入工作岗位，
开启气象人生

　　1954 年，北京大学"空前绝后"的这批气象专修科毕业生开始走上工作岗位，我到中央气象局天气处报到。那时候的中央气象局刚刚由军队建制转为政府建制，隶属政务院。一进气象局，感觉还是有部队的影子，同事们穿的衣服都是原来的旧军衣，只不过不像军人们那样弄得板板正正，稍微随意一些了。当时饭厅分大灶和中灶，没有小灶。局长和处长们在中灶吃，剩下的人都在大灶吃，部队的气氛还在。

　　单位里男同志多，女同志很少。我到天气处报到时，天气处没有正处长，由朱和周副处长全面负责。朱和周副处长是新中国刚成立时从美国留学归来的专家。他曾经说过，给我分配人不要女的。结果我站在他面前，他才发现来报到的是一个个子不到一米六、很不起眼的小女生。他一看："（梁平德）怎么是你呢？"我说："我就是梁平德呀。"因为已经报到了，他只好留下我了。其实当时我最想去的工作岗位是预报一线的预报员，认为那才叫学以致用，在这做行政工作叫干什么呢！

但真正工作起来，就体现出了气象专业知识在行政工作中的重要。朱和周副处长给我布置的第一件工作就是要办一个天气科员训练班，并且要求在4个月内先编写完训练班的天气学和气象学两科的讲义。我愉快地接受了这项工作任务，觉得是学以致用的好机会。

当时专业书籍和资料很少，编写教材还是挺难的。但是困难吓不倒我。从收集资料入手，我开始编写教材。大学学习时，天气学和气象学都是谢义炳先生和仇永炎先生发的讲义。但这次培训的学员基础较差，不仅气象知识基础差，数理知识基础也差。我尽可能找来更多的学习材料，并深入地学习了仇永炎先生翻译的气象学教程，最后按照自己的学习和理解，在谢先生和仇先生讲义的基础上，编写了两本厚厚的讲义，我把讲义中的每个知识要点都描述得很细，便于学员们理解。从这件事上，我更加明白了，从学校毕业只是第一步。要想把工作做好，就需要不断地学习。

训练班在武汉中心气象台举办。11月末12月初的时候，我准备去武汉。临行前，朱和周副处长带我到卢鋈副局长处。卢鋈副局长看到又小又瘦的我，说："就让她去？到那她哭都哭不出来！"我心想，凭什么觉得我会哭呢？我一定要做好！

训练班的学员来自全国各地的气象部门，刚好西藏、青海的学员都是先到北京，我就和他们一起去武汉。有他们陪着，帮着拿讲义，帮着办很多的事，我也轻松多了。我们非常顺利地到达培训地点。武汉中心气象台做了非常好的准备，教室、宿舍都安排得很好。先到的学员一起帮忙进行学员登记、安排食宿等，训练班顺利开课，教员就我一人，上午上课，下午答疑。

学员有的是原来在部队里经过军事干部学校短期培训后当观测员的，也有一小部分是预报员，还有的是气象部门的职工，做什么工作的都有，也都有一些初步的气象知识。训练班上午讲天气学和气象学，中午休息一会儿，下午就在宿舍自习，有什么问题我去解答。上午的授课学员们普遍听得认真，但是下午的自习和答疑有的学员就不太重视。有一天答疑时间，我到学员宿舍，看到有些学员躺着抽烟。我就停在门口，站在那儿不动。开始学员不理会，看我站了半天不动，就问："梁教员怎么不进来？"我说："学习是一件很重要的事，学知识是件重要的事，你们要尊重知识，要尊重学习，不是尊重我。"大家一听，都坐起来了。培训班的学员们都比我大，而且都有工作经验，他们看我年龄太小，（认为我）没经验，但你看这事儿我有道理吧，你别迈脚进去，进去了你就没办法了。当然这些学员学习还是挺努力的，别看他们有的时候比较散漫，但是学起来很努力，他们知道有个学习的机会不容易。

在给学员们答疑时，我对学员们提出的问题反复讲，一定要他们全懂了，答疑才结束。所以后来学员们跟我的关系都很好，都很亲切。但中央气象局考虑到我一人又讲课又答疑，确实顾不过来，局里又派陈学溶、徐纪昌和朱鄂生来讲过课。

训练班从 1954 年 12 月开始，到 1955 年 4 月结束，历时 5 个月。这期训练班成效是显著的，学员们结业回到各自的工作岗位，都发挥了很重要的作用，不少同志工作很有成就。如西藏学员郑成钧，结业后又回到西藏。他是福建人，是从福建参干的。20世纪80年代初，他调回福建任福建省气象局副局长，可惜后来因车祸意外去世。还有来自上海气象台的王志烈，成了很有名的预报员，是上海中心气象台的骨干。学员们都觉得在训练班的学习很有收获，对我也都很尊重。

1955年4月，中央气象局在武汉举办的天气干部训练班结业合影。第三排左四是陈学溶，前二排左四是梁平德。

完成办训练班这项工作，我很高兴，高兴的是我不但没被工作难哭，而且完成了任务，刚参加工作就得到了很好的锻炼。局里和处里对办训练班的效果也非常满意，很认可我的工作。

回到中央气象局后，我接受的第二项工作任务，是编天气电码。那时气象站观测完了发报，必须有一套完整的天气电码。电码有好多种，有地面观测的、天气观测的、气候观测的，等等。还有探空的、临时的危险报，还有专门给航空发的报。我先整理编制电码，然后编写电码详细说明，什么情况下怎么编。为了今后与国际上的交流，在编电码时也要考虑其他国家是如何编制的。那时候我国还没有加入世界气象组织，只能通过苏联了解其他国家的情况，用于参考。

编码工作从 5 月开始，一部电码、一部电码陆续地做，过程中遇到新问题，还要进行补充和修改。所以我和同事编制电码的工作在 1956 年初的时候才基本完成。那时日本一再提出要求，想要中国区域的气象信息。他们做天气预报时，上游全是空白，看不到上游的系统在哪。当时世界气象组织也有要求，希望中国公开，但是当时正值朝鲜战争，气象电码都是保密的。观测员编好电码以后，机要员转换成密码交给电报局，电报局发到各省（区、市）气象台，气象台机要员再把它翻译回明码，填图员再填图，填完图再交到预报员手中进行天气形势分析。直至 1956 年 6 月 1 日我国才公开了气象电码。同时中国也获得了其他国家的气象资料。

给我布置的第三项工作任务是编站号。当时全国只有十几个气象站，而随着气象站的大规模建设，必须要对气象站的站号做好规划。由于当时 50 区到 59 区这一段还没被使用，所以同在业务处工作的方齐提出，我国就从 50 区到 59 区编制站号。天气图上从黑龙江以 50 区开始，然后由北到南，按经纬度划分，50 区、51 区、52 区、53 区，到天津这就是 54 区，再向南为 55 区、56 区、57 区、58 区，最后到海南为 59 区。这是很烦琐的一项工作，需要耐心和细心，不仅要编好已有的观测站，也要考虑今后的新建站编号。我跟方齐一起，很快完成了观测站编号设计的工作任务。

再有一项工作就是参加编写预报工作规范。气象电码和预报工作规范都需要印刷，当时北京能够铅印的地方很少，所以处里决定到沈阳去印，我便一人带着材料到了沈阳中心气象台。沈阳中心气象台大力支持我的这项工作。气象台的工程师周琳，看这么多的材料只有我一个人校对，就派了气象台的张玉琪帮忙。由于缺少工作经验，校对时用的是一个人念一个人看的方法，再加上有的规范不是我写的，所以有些错误就没有校对出来，这些资料被发到各省（区、市）气象局以后，大家因此产生了一些意见。最后中央气象局为这个事儿对我进行了通报批评。但我本人以及一般工作人员都没看到这个通报批评，可能是在领导层公布的，是我的一个同学告诉我的。我每每想起这件事，都很感慨，真没想到刚工作不久，在这个本不该出错的事上捅了娄子。领导虽然处分了我，但谁都没对我"严词厉色"。我很感动，体会到领导们对年轻工作者的爱护，他们能理解出现问题时我懊悔的心情，就不给我"雪上加霜"了。经此一事，我总结出一个经验就是，校对这个活，绝对不能一个人念、一个人看，这样是不对的，是很容易出错的，校对必须逐字自己做，工作马虎要不得。

那时，中央气象局特别强调业务人员要加强业务学习，作为机关管理人员，在向业务人员推荐学习书籍时，我都是自己先认真学几遍。我推荐给预报员们学习的一本书是已经翻译成中文的侯为治著的《动力气象学》；为基础差一些的预报员，推荐的是苏联库尼兹的《天气学》，这本书比较简单一点，但也是系统讲述天气学基本理论和知识的。

对推荐的这些书，各省（区、市）气象台的预报人员都积极学习，同时也会提出一些问题，来信咨询。比如有一次广东省气象台的一个工程师来信问我，某个公式是怎么推导出来的，因为我反复学习过自己推荐的书，有关公式也都推导过，所以当有人提出问题时，我能够给他讲解一番。纪乃晋高兴地说："行啊，还以为你回答不了呢，你还真给人家回答了。"还有一次，中央气象台提出学习涡度平流理论，为了给大家做出正确的解释，我就向北京大学的同学陈受钧写信请教。陈受钧马上给我回信，还写了4页纸的推导过程。

回首刚开始工作的那段时期，我总结出了一个道理：在气象部门，即使我做的主要是行政工作，但也要有过硬的业务本领，为此，必须不断地学习。

到了1956年中央气象局考虑气象人员培养教育问题时，在课程设置上有两种意见，一种意见就是多讲实用的，怎么绘图，怎么分析，基础理论要少讲。另一种意见就是加强基础理论的学习。我根据自己的观察和体会，提出了我的看法：实用的内容是要强调，但基础理论也要尽量多讲，因为离开学校，再想学基础理论太难了。在北京工作的学员，可以到北京大学去听课，在其他省（区、市）气象局工作的同志就没有这个条件了。为什么北京大学和南京大学的两年专修班的学生，后来很多人工作都不错，就是在学校学习期间，他们的基础理论课分量比较重。

但是，当时多数人还是赞同多讲实用少讲理论。涂长望局长为这事召开局务会进行研究，朱和周副处长大概是同意我的意见，所以带着我参加了局务会。涂长望局长倾向于实用最重要，因为当时的气象工作有这种迫切性。会上，我讲了基础理论同样重要的意见。涂长望局长强调工作需求，我就又讲一遍自己的意见，涂长望局长又强调一遍，我就又讲一遍，最后，涂长望局长笑了，说："我这回才明白什么叫'初生牛犊不怕虎'。"我非常敬佩涂长望局长，也很尊重他，但是工作上我有不同意见，我还是要讲。

谈起培养学习的习惯，我特别感谢天气处的朱和周副处长、中央气象局编译室王鹏飞主任，以及顾钧禧先生。朱和周是《气象学报》的编委，他经常有审稿任务，每次稿件来了，他都是先让我看，看完了把对稿件的意见告诉他。所以每一篇让他审的稿，我都先仔细看，文章哪些写得好，哪些不好，有什么问题，学到了什么等，都要向他汇报。有时有一些译稿，他也会让我看看翻译得怎么样，有什么问题没有。这都是为了督促我学习。

王鹏飞是中央气象局编译室主任，负责编辑《天气月刊》，他让我写稿，我说我在这做行政工作，写什么稿？

我就想去气象台，可是不让我去。王鹏飞说，那你给翻译一篇文章吧。这是一篇俄文文章，描述的是冷锋过山的天气过程。我翻译完以后，王鹏飞就请顾钧禧校对，顾钧禧指出了不少错误的地方，还认真地修改了很多。我感到工作中自己不行的地方太多了，不能满足于自己以前学习的那点东西。

1956年我被评为全国气象部门社会主义建设积极分子，这是中央气象局对我工作的充分肯定。领导的爱护，单位的肯定，更加坚定了我努力工作的决心。

1957年秋冬梁平德与天气处同事在苏联展览馆（现北京展览馆）巧遇中央气象局局长涂长望先生，梁平德为大家拍照留念。第一张照片左起分别为刘宏勋、某同事、涂长望、胡绳照、林文浦；第二张照片左起依次为某同事、梁平德、钱介寿、林文浦、刘宏勋、胡绳照、吴俊明。

1957年我到沈阳中心气象台预报实习，也是在这一年，"反右"开始了。我因为人在沈阳，所以没有经历中央气象局的运动初期让大家提意见的过程。"反右"的内容之一就是要知识分子改造思想。那时中央气象局的干部轮流到农村劳动锻炼，时间是一年。到了1958年，刚好轮到我去农村锻炼，我被派往了辽宁省的绥中县。绥中县农村相比起来日子还是好过一些的，粮食较富裕，农民们都能吃得饱。我开始是在铁路南边的一个乡，地势基本是平原，后来被调到铁路北面的一个乡，地势是小丘陵地形。

在农村，我和农民一起劳动，春天栽土豆，种花生，挑水灌溉。生产队干活时，分成男的一组、女的一组，但村里结了婚的女人是不参加劳动的，在家看孩子、做饭。所以那时我就跟一群十几岁的姑娘们一起干活。首先就是过挑水关，我从小没挑过水，扁担压在肩上好疼。但是，我给自己设立了小目标，完成一天，再完成一天，就这样一天天坚持了下来。真没想到我能够从小河沟里把水挑到地里，坚持就有成效，我的体会就是，先别说你有大目标，你做什么工作，都把你眼前的这个做好，坚持一下，再坚持一下，就能做成不少事。

夏天的农活就比较轻松了，没有很累的活，但是要在很热的天气里铲地、施肥等，我也都坚持着做了下来。中途放了一段假，叫"挂锄"，我利用这个假期，到沈阳中心气象台去看望周鸣盛，我们夫妻才有短暂的相聚。

20 世纪 50 年代末，气象部门大力发展气象站建设，全国基本达到县县有站，为未来发展气象事业打下了很好的基础，同时开始进行长期天气预报和人工降水试验。

从 1954 年到中央气象局工作，到 1959 年离开中央气象局去沈阳中心气象台工作，这 5 年我得到了各级领导的关爱和帮助，得到了专家老师们的悉心指点，获益匪浅，也为我今后的工作奠定了非常好的基础。

周鸣盛毕业后就到沈阳中心气象台当预报员。20 世纪 50 年代初期，全国的气象工作都还比较落后，有很多空白。1950 年在北京才有 1 个探空站，后来上海建了探空站，1954 年沈阳才有探空站。当时天气预报工作主要就是认真做好地面天气图分析，但是观测站点少、资料少。

周鸣盛参加工作后，跟班一个月就开始值短期预报班。1956 年中期预报组成立一年后，他被调去值中期预报班。

寒潮是冬半年东北较突出的灾害性天气，而当时对于寒潮天气是如何发生的了解得很少。在做寒潮预报时，主要分析地面图三小时变压及当地气压变化曲线，还是应用李宪之老先生提出来的寒潮路径，但是寒潮源头在哪，还不是很清楚。那时候有了高空图，从高空图上分析冷中心的活动，特别是要注意 500 百帕上 -40℃线的东移。陶诗言先生分析认为新地岛有冷空气。周鸣盛参考着专家们的意见，结合自己的业务实践对寒潮进行了分析研究，详细分析了寒潮的天气形势，总结了蒙古冷空气下来以后整个降温过程及其引起的锋生导致气旋发展的过程。

降水预报当时几乎没有方法，只能跟着实况，很被动，预报难度更大。"五一"期间大型社会活动较多，所以"五一"这天的降水天气预报是沈阳中心气象台重点服务内容。周鸣盛参加了 1955 年和 1956 年两次"五一"的天气预报服务，结果连续两年，"五一"的天气预报都出现了失误，降水没预报出来。1955 年那次，当时觉得天气形势不错，4 月 30 日预报"五一"不会有降水。不曾想，一个很不明显的小槽到了辽宁，早晨天气还很好，到了上午打雷下雨，到傍晚又来一股冷空气，都没报出来。1956 年沈阳中心气象台更重视"五一"的天气预报。工程师周琳前三天就开始组织全台大会商，延安来的老干部刘光济台长悄悄地提着暖水瓶给参加会商的预报员打开水，鼓励预报员。大家上下一条心，决心一定要做好"五一"的天气预报。前两天大家认为"五一"天气形势没有什么问题，4 月 30 日白天报的 24 小时预报无雨。结果到了 30 日的晚上，发现从华北过来一条切变，这个切变到了山东半岛变成了东西向。大家经过讨论，认为一般情况下，它上来的可能性很小，所以还是维持原来的预报意见。结果到第二天早晨就下起雨来，预报又报错了。5 月 1 日中午是全台会餐，可是预报的失误使得预报员很难过，都没有心情去与全台同事见面凑热闹了。事情虽已过去六十多年，但周鸣盛一直说不能忘记，刻骨铭心。

连续两个"五一"的降水没预报出来，预报员们是很苦恼的。预报的失败，鞭策着周鸣盛更加努力地去钻研业务。那时刚引进苏联的平流动力方法，说这是先进的理论，预报员们对此抱着希望，但周鸣盛始终不忘谢义炳先生的教诲，要建立自己的东方学派。他在参加预报值班外，还对在预报业务中发现的问题进行研究。首先他发现了一个很典型的渤海气旋的发展，对它进行了分析。当时中央气象局强调预报员要认真进行天气图分析，他的这篇分析文章写完以后寄给《天气月刊》，很快就发表了。谢先生看后非常高兴地说，能在毕业两三年就发表文章的，周鸣盛还是第一个。周鸣盛说，能够工作后很快发表文章，一是因为受到谢先生建立"东方学派"的鼓励，二是因为有了在一线做预报的经历。当预报员最大的好处，就是直接接触天气实际，很多天气的实例可以用来分析研究，获得资料最直接。

那时，周鸣盛和我分别在不同的工作岗位上努力工作，并且都有让自己满意的收获。

三

面对磨难，初心不变

1957 年 12 月，我与周鸣盛结婚，婚后过着夫妻分居生活。1959 年初我调到沈阳中心气象台任预报员。我们夫妻二人终于在工作岗位上"会师"。20 世纪 60 年代初期我完成了"1960 年 5 号台风初步分析"，在 1963 年上海台风会议上作报告，周鸣盛开创性地提出了"亚洲大气环流组合分型"方案，编写了《辽宁省环流型（草案）说明》等。

1960 年以后，气象部门受到了多方面的干扰，对业务工作有很大的影响，但是气象部门坚持做好气象预报、为百姓做好服务的信念始终不渝。辽宁省气象局非常重视基层气象站的气象服务工作，派技术人员到县气象站指导工作。1965 年，我被派到东沟气象站帮助县站做气象预报服务工作。在县气象站做预报，资料更少，我就从观测数据的历史分析着手，探讨是否能找到一些规律，再分析气象站的三线图（压、温、湿），结合风的变化及三小时气压变化，摸索总结出县站气象预报方法。另外，我还按照上级的要求去访问有看天经验的老农，也收获很多。

1966年6月，有辽宁省局政治部的同志联名贴出大字报，点出包括周鸣盛在内的三名工程师为"反动技术权威"（周鸣盛1965年晋升工程师，是三人中最年轻的）。由于我父亲是原国民党起义军官，我的两个哥哥被打成"右派"，我必然也被批判，一下子我们夫妻就在群众中被孤立了。不久辽宁省气象局通知我去复县气象站（复州城）帮助县站做汛期服务工作。我去了一个多月，躲开了无休止的批判。

复县气象站在离城门不远的小山上，站里有三个观测员，两位男同事已经结婚，他们在城里住。一位女同事才十几岁，住在站里的宿舍，我就和她住在一起。气象站三个人轮流值班，两位男同事不值班的日子晚上回家，山上经常只有那个小女孩一人。她并不害怕，夜里还一个人去观测，有降水、有雷暴都要出去，记录降水起止时间，记录雷暴时间和方位。有一天夜里，雷阵雨突然而至，小女孩立即推门出去，漆黑的夜空不时划过闪电，滚过惊人的雷声，我赶紧起身帮她，但她说不怕，她已经习惯了。我现在想起这个小姑娘仍心生钦佩，单说她一个人住在山上就够可怕的，遇上这样恶劣的天气还要出去观测和记录，她却能泰然处之。这就是我们敬业、坚强、乐观、勇敢的气象观测员。这样的日子不是一天、两天，而是成年累月。所有的气象研究人员，当应用气象资料做各种科学分析研究时，心里要感谢那些可敬的观测员，每一个数据都包含着他们严谨、忠实、敬业、不畏牺牲的精神，我就是抱着这样感恩的心看那些数据的。

在复州城还有一件事令我终生难忘。一次我去渔村访问，当地人对待我的态度十分冷淡。一开始我不明白为什么。仔细了解后才知道，起因是那场1964年4月5日的渤海大风。当时，沈阳中心气象台在两天前就发布了大风警报，而当天的预报员看到没有什么风，竟撤销了大风警报。渔村里的人起初也觉得风平浪静，就照常出海了，不久大风骤起，渔船急忙返港，可是风实在太大，村里人眼看着没有动力的木船靠不了岸，干着急没办法，船上、岸上的人不停地呼喊挣扎，最后船还是先后沉没了，村里的青壮年伤亡殆尽。眼睁睁地看着亲人们沉没，那痛苦无法形容。灾难过去两年多了，村里幸存的人多是老弱妇孺，生活十分艰难，渔村没有多少土地，收成不够吃，在这么艰难的境况下，怎么能看到人们舒畅的面容呢？

其实我也知道 1964 年出了灾难，可是直接面对受灾的情景，对我的内心震撼太大了，责任！责任！预报员啊，千万不要忘记！

当我回到沈阳中心气象台时，四周的氛围已经变得很狂热了，到处是大串联、大批判、大批斗，学校停课，生产停业。但是，气象部门有着多年严格的科学管理和教育，全国两千多个气象站，几乎没有哪个气象站中断了气象观测，更没有哪个气象台中断了天气预报服务。在辽宁省气象局也没有发生过武斗，也没有什么"喷气式批斗"。

1968 年初夏，辽宁省革委会成立，立即组织各省直机关干部学习班，搞"斗、批、改"，周鸣盛进了学习班。10 月，学习班转为"五七干校"，周鸣盛和其他参加学习的同志一起被下放到盘锦农村，住在农民家，到胜利塘荒地挖水渠。一天傍晚收工回村，周鸣盛感到全身无力走不动了，站也站不住了。经过连日的野外重体力劳动，他感觉全身骨头都要散架了，但他坚持着，他想不能倒下，他慢慢地移步，身体上的痛苦慢慢地缓解了，再向前行，就挺了过来。这以后再干活，他就渐渐地适应了。周鸣盛说，这大概就是所谓的知识分子改造"脱胎换骨"了。周鸣盛在干校劳动了一年，我带孩子在单位参加学习。

1969 年 11 月，辽宁省气象局大批气象人员被下放到农村生产队当社员，而且是拖儿带女到农村落户。我和周鸣盛带着两个孩子下放到了康平县。康平县是沈阳地区最贫困的县，曾经是国家级贫困县，现在已经脱贫摘帽了。我们一家去的是康平县最贫困的张强公社，和原单位完全"脱钩"，组织关系在公社。第二年孩子们的户口改为农村户口，由生产队分配口粮，还分了自留地。生产队还为我们一家建了干打垒的三间土房，准备让我们长期扎根了。

沈阳中心气象台预报员原来有 23 人，其中工程师 2 人。台里只留 8 名新预报员，其他预报员包括工程师全部下放。预报把关请来辽中县的一位姓李的农民来做。这是为了落实那个时候中央气象局预报改革的部署，那时要求天气预报要强调"群众经验，土洋结合，以土为主"。

1971 年冬天，辽宁省给一批下放干部安排工作，原则是不考虑级别，不考虑专业。开始我被安排在公社做计划生育工作，我觉得这个工作我做不好，刚好公社的学校缺老师，所以我就被安排在公社中学教高中数学，周鸣盛则被安排到公社农科站工作。

1972年7月26—28日，3号台风从日本西南部北上，经大连过渤海影响津京，大连港遭受重大灾害，轮船受损，仓库进水，损失惨重。台风进入渤海湾，天津受到风暴潮袭击，海水涌进码头，部分海堤坍塌，也造成很大损失。北京的暴雨也很大。重大的气象灾害和损失惊动了周恩来总理，总理问：气象预报员上哪里去了？干什么去了？

1972年10月，周鸣盛和我接到通知，调到新组建的铁岭地区气象台任预报员，重回气象业务岗位。虽然此时气象部门的工作还没有完全恢复正常，但我们的气象工作者并未在专业上止步，仍然在努力钻研着，不断推动中国气象科技进步。1972年著名气象学家竺可桢先生在当年《考古学报》第1期上发表了《中国近五千年来气候变迁的初步研究》一文。该文发表后，立即得到国内外科学界的普遍赞扬，《气象科技》还发行了单行本。竺可桢先生根据考古发现的各种器物，研究了公元前3000—公元前1100年的气候变化；根据物候变化研究了公元前1100年—公元1400年的气候变化；根据方志记载研究了公元1400—

1900 年的气候变化；根据气象仪器观测到的数据，研究了 1900 年以来的气候变化。竺可桢先生引用了 1920—1972 年文献 45 件，1878 年文献 1 件，中国历史资料 34 条，这是多么繁重的工作啊，此时他已经是 82 岁高龄了。1973 年竺可桢先生又写了《中国古代的物候知识》和《一年中生物物候推移的原动力》等文章。在特殊时期的严酷环境下，老先生毫不懈怠，依然如此奋力拼搏，令我们倍受感动和激励。我们也更加努力地学习，并着手研究辽宁的气候和夏季中期多雨环流特征等工作，发表了《1974 年盛夏降水趋势长期预报的分析与总结》《20 世纪以来沈阳气候演变的初步分析》《铁岭地区气温和农业产量的初步探索》《盛夏铁岭持续多雨阶段的初步分析》、《1974、1975 盛夏降水趋势长期预报的分析讨论（一个长期趋势预报模式）》等文章。

到了铁岭地区气象台，就有条件看到业务资料和研究期刊。铁岭气象台的预报业务既有短期天气预报，也有长期天气预报，所以预报员也是既做短期预报，也做长期预报。1976 年 11 月，我看到《气象科技》上有一篇仇永炎先生的文章，他讲到太平洋和大西洋两大洋的高压发展在极区打通了，叫"桥式打通"。看了仇先生的文章后，我就特别注意这种形势。当时铁岭地区气象台已经有了500百帕的北半球图，并且从图上看到了这种形势，我按照仇先生的思想，预报了低温。这一年的冬季果然是个明显的低温年，而且低温的范围很大，连香港都出现冻死人的现象。当时给地方政府的汇报材料写得比较早，所以服务效果很好。过后，地区革委会领导看到香港报道的"桥式打通""冷空气南下""香港低温"等消息后，高兴地找到气象局局长说，香港的报道跟你们说的一样，可他们在你们后面。气象局对这次服务也非常满意。从这个事情上我就认识到，任何天气过程都会有一个更重要的环流背景，而且这种背景的形成往往是由一次比较强的中期过程开始的，也就是说，一个气候的形成，一个天气现象的出现，是有一个演变过程的。所以周鸣盛和我在以后的天气和气候的研究中，特别关注对过程的研究。也是这些认识指导着我们的预报实践，在后来我们发表的论文中也体现出这个思想。

1978年，伴随着科学春天的到来，我们夫妻二人调到天津市气象局，周鸣盛进入天津市气象台任工程师，不久任气象台副台长，1981年11月任天津市气象局副局长，1983年8月任天津市气象局总工程师。我开始在天津市气象科学研究所从事天气气候研究工作，1984 年主动要求调天津市气象台中长期预报科，从事长期天气预报研究工作和预报业务值班，曾获天津市科技进步三等奖、天津市气象局科技进步二等奖等。从 1957 年至 2008 年，我和周鸣盛二人共发表论文 60 篇，出版论著 1 部，参与编写《天津通志·气象志》和《中国气象灾害大典·天津卷》。作为基层预报业务人员，我们能有这些成果实属不易。

20 世纪 50—70 年代很多知识分子所受到的磨难，我们夫妇也深有体会。我们从那个时代走过来了，是幸运的，可我们有的同学就不那么幸运。我们在气象专修科时的班长李其琛，广东人，他和我一样，两年的学习成绩都是满分。毕业时，李其琛留在了北京大学物理系大气专业任教。他学习基础非常好，又肯努力钻研，发表了高水平的雷达方面的论文。"文革"期间他和谢义炳先生都被批斗，每天打扫卫生。后来他实在受不了，在学生宿舍楼跳楼自杀。谢义炳先生说，李其琛太可惜了。

还有邹鸿勋，宁波人，也是学习很好的一个同学。他毕业时分到了中国科学院地球物理研究所。那时他经常到北京大学听课，刚好 1957 年开始鸣放时，他就被打成"右派"。那时对"右派"处理有一条叫"自谋生路"，所党支部让他做检讨，不检讨就自谋生路。倔强的他选择了自谋生路。他先是到了上海投奔他的哥哥。但他在上海找工作，没有人敢要，最后只能回老家和他母亲一块种了20多年的地。1979年，全国给"右派"改正，他也获得改正，回到中国科学院地球物理研究所。当时叶笃正先生很器重他，想把他留在北京，可是他这么长时间不在所里工作了，户口也不在北京了，有人便不同意他留下。后来，叶笃正先生给他写了封推荐信，推荐他到杭州大学当老师，教授动力气象。

无论幸与不幸，我们经历过的这一切，都并没有磨灭我们的初心。我们为气象事业奋斗终生的志向没变，科技报国的想法没变。现在的年轻人遇到了最好的时代，一定要珍惜！

四

预报技术改革的功与过

　　做好天气预报，提高预报准确率，一直是广大气象科技工作者的追求。中央气象局从成立之日起，就着手部署全国气象预报业务。虽然不同阶段有所侧重，但是做好天气预报和服务，是我们气象工作永恒的主题。

　　20 世纪 50 年代初期，全国气象部门普遍开展了短期天气预报业务，预报人员主要采用天气学方法，并引进国外先进理论，如锋面气旋发展、大气长波理论等。后来开始探索中长期天气预报，学习了苏联的自然周期预报方法。

　　这个时期的天气预报是很难做的。当时世界上的气象科学水平并不高，而中国气象原本的基础更薄弱，全国没有几个观测站，真正掌握气象理论从国外回来的科技人员也极少。所以中国的天气预报非常困难。但是，当时是新中国刚刚成立，启动大规模建设的时候，又正值朝鲜战争，所以对天气预报的要求很高。

周鸣盛 1954 年参加工作即当预报员，当时主要以美国的大气长波理论作为天气预报基础，但没有具体方法。这时候的预报改革，是引进苏联提出的平流动力理论，就是从 700 百帕的温压场来分析冷暖平流，再分析什么地方可能发生锋生，称之为动力锋生、局地锋生，来分析 24 小时可能的气压场的变化。但是在实际预报中，这个方法也有很大的局限性，比如，低压槽到第二天大概移到什么地方，发展还是不发展，从环流形势、高度场，再到这个具体要素预报，主观性大，所以预报还是不准。1956 年，学术界提出涡度平流理论，反映了系统的演变，在预报中可以作为参考。

在东北，冬季气压场比较稳定，相对好预报些，主要看蒙古高压，分析其边缘的冷空气活动。而春季以后天气形势变化很快，预报难度就大了。之前说的 1955 年和 1956 年两次"五一"天气预报全部失败，就是活生生的例子。那之后预报员们加强了对天气过程的总结，逐步积累预报经验，不断调整预报思路和预报方法，使短期天气预报水平有所提升。

　　按照中央气象局预报业务工作部署，东北区气象台（后改称沈阳中心气象台）于 1953 年成立了中期预报组，专门派人到中央气象台中期预报组，学习他们正在使用的苏联帕加瓦提出的自然天气周期方法。但是派去北京学习的预报员最后没回东北区气象台。1956 年周鸣盛到中期预报组，此时中期组有 3 个人。那个时候中期预报主要预报48 小时、72 小时天气，主要还是以分析天气图为主，大风预报还有成功预报的例子，降雨预报准确率就很低了。

　　中央气象台长期天气预报业务始于 20 世纪 50 年代前期，用的是杨鉴初先生的历史演变法。1958 年 10 月中央气象局召开了全国中长期预报会议，要求各省（区、市）气象局建立长期预报业务。沈阳中心气象台开始也是采用杨鉴初的历史演变方法制作长期预报，即分析月降水量和平均气温的时间变化曲线，分析极大值、极小值、连续性、相似性等。中央气象台有指导预报，当时称之为"天气展望"，是保密的，发到各个省（区、市）气象台做参考。这段时期周鸣盛也承担了长期天气预报员的工作，制作长期天气预报。

1960 年，中央气象台提出搞预报改革，对欧亚大气环流进行分型。当时分了 9 个型，分成平直环流型、槽脊移动型等，主要是西风带的形势，而且分型是按季分的，就是一个季节一个，换季就换型。可是天气变化不是和天文季节完全同步的，有时候会提前，有时候会错后，而且辽宁省气象台的预报员觉得中央气象台的这个分型在当地并不适用。因为东北主要是西风带，整个东亚是季风气候，到了夏季，南方系统、热带系统上来了，但是这个型在东北就反映不出来。

周鸣盛参考中央气象台的分型思想，结合东北的实际情况，先按照中央气象台的分型，把西风带的型定下来，然后在这种型下再分，如夏季，根据实际情况，又将副热带的系统另外定出 5 个型。主要是按照副热带高压（简称"副高"）的南北和东西位置、形状、强度来定。这样，在预报实践中将这两套型组合起来使用。一般冬春季节，沈阳地区主要是受西风带系统的影响，5 月或 6 月以后，副高系统加强北上，就是受西风带系统再加上副热带系统的影响。所以这个组合型概念的提出，就代表了我们对东亚天气以及大气环流的认识更深了一步，这对于天气预报分析有很好的作用。

1957 年涂长望局长遭受批判，身心受到严重摧残，但仍然呕心沥血坚持研究。1959 年涂长望局长患脑干瘤，走路失去平衡，在这样艰难的情况下，他在病床上口述出一份千字论文《关于二十世纪气候变暖的问题》。1960 年涂长望局长脑干瘤压迫视神经，右眼失明，但他仍然坚持着用歪歪扭扭的字撰写涉及观测、预报、云雾物理、海洋气象、农业气象等多项问题的建议书。后来他的左眼也失明了，遂自己口述，请人代书，写出最后一篇论文《关于二十世纪气候变暖的问题》。1962 年 6 月 9 日，受人尊重的我国著名的气象学家涂长望局长因病去世。

1958 年之前提出预报要"图、资、群"相结合，强调重视调查、收集、验证群众经验，作为预报的一种依据，还是正确的，预报员能接受。但是 1958 年以后，中央气象局提出"图、资、群"相结合，"以群为主"，要求各级气象台站都要贯彻这一技术原则，甚至有人提出来要取消天气图。在这种情况下，各个气象台都轰轰烈烈地搞起了群众经验做天气预报。说天气图是洋的，要进行批判。那时候各气象台都搞群众经验，而且还要交流推广。比如，内蒙古气象台介绍"正月十五测月亮的影子，定这一年的旱涝"。还有，每天量兔子的体温，拿兔子体温的高低来看和降水的关系。沈阳中心气象台组织预报员到沈阳中山公园去看动物，每天都有几个预报员去看，今天看猴子怎么样、老虎怎么样、有什么表现，等等，回到台里天气预报会商的时候要根据看到的这些作为依据提出预报意见。

预报员不能从天气学角度研究分析天气预报，天气图方法受到批判，预报员们有意见，但是不能唱反调。当时，周鸣盛就提出，咱们的天气预报改革不能先破后立，要先立后破，土法经验要是成型了，立起来了，可以不要天气图。你的土法还不准，天气图又不要了，那天气预报不就更不准了嘛。当时大家觉得很有道理，但是"文革"期间，这一条就作为周鸣盛被批判的一个罪状。

极"左"思想破坏性地冲击了气象预报业务，挫伤了广大气象科技人员的积极性，影响了天气预报业务的发展。

在谈到把群众经验放到天气预报工作时，我认为，群众看天经验是我国广大劳动人民在长期的生产实践和与大自然作斗争积累起来的宝贵经验，我们应该要坚持以科学的精神来对待这件事。

我去县气象站比较多，在这个过程中，我也花了好大的精力去学习群众的经验。在东沟气象站时，我就遇到了蔬菜生产队的一个老农，大家管他叫老把头。他对什么事都特别认真，分析得特别细致。比如说，他观察风，他说我们这早晨是东南风，十点来钟就往南转，到中午了，就变成了南风了，到下午了就变成西南风了，到傍晚就变成偏西风了。如果这个风天天这么着，按点"上班"的话，那两三天都没有坏天气。实际上这是反映了风向的日变化，如果风向有正常的日变化，那就说明没有明显的天气系统来影响，当然两三天是好天。我用他这个标准做过验证，很对的。再比如，他还说一个天静不过三，就是说那种不刮风也不下雨，特别晴爽的天，维持不会超过三天。从天气图上看，辽宁正好在西风带上，东沟地理位置挨着朝鲜，在丹东的鸭绿江江口，北纬40度附近，这个地方一个高压也就持续三天。老农还说，南风不下雨，北风不晴天，有雨在后边。阴天刮着南风，但是没下雨，刮北风了，没晴天，意思就是说当前的冷空气势力不强，后边会有波动，所以"有雨在后边"，人家说的这个就是对的。

有一天老农抬着头看一道一道的云（高积云），说今天云上头是北风。我跟中心气象台有联系，了解当时的大气环流形势，知道是北风，所以就问老农："你怎么知道的？"他说："我没上过天，我到过海上，你看这个云彩东西向一道一道的，那海上刮北风时候那个浪不也这么东西向一道一道的吗？"我又问："那刮南风不也是这么东西向一道一道的吗？为什么不是刮南风呢？"他说不一样，这个就是北风。我当时十分佩服，咱们预报员要是没看过天气图，谁也说不出今天云上头是北风。他敢说，就是有根据的，是经过了多少次的观察得出的。所以说，如果我们相信科学，尊重科学，我们就能从群众的朴素经验里发现科学的道理。老农讲的也不一定全都正确，但要做认真的分析，去掉糟粕，取其精华，本着科学的态度去学习，总会获益的。后来，我把在群众中学到的经验与天气学理论、实际出现的天气进行认真的对比分析，写出分析文章，发表在《气象学报》上。刚好那时全国气象部门都在开展依靠群众经验做预报，在昆明还专门召开了全国会议交流经验，在会上，我将自己的这些分析工作和体会与同行们进行了交流。

1972年周鸣盛和我结束了在农村的"劳动改造"，回归气象队伍，到铁岭地区气象台任预报员。周鸣盛做长期预报。除了杨鉴初先生的时间序列演变法以外，他又将气候变化研究结合到长期天气预报中，分析气候的阶段性，看预报的年份处在哪个阶段。而后在分析年际变化时，还提出综合相似法，开创性地通过相似和不相似的对比分析，得出预报结论。

这时候的铁岭气象台刚刚成立，所有工作人员都是从各单位抽调过来的，单位内部基本不搞运动了，技术人员得以做些研究工作。周鸣盛和我因为"文革"、下乡等延误了六七年，所以努力地抢时间做研究。周鸣盛的关于长期预报的总结文章发在中央气象局1975年的《气象科技》上。当时的《气象学报》《天气月刊》等都停刊了，只保留了这一种期刊。这篇文章还入选了中央气象局于1976年4月在石家庄召开的全国长期天气预报经验交流会，在会上向全国推广。

1978年全国科技大会的召开，迎来了我国科学技术的春天，和全国各行各业一样，气象科技工作也开始了复兴，进入新的发展时期。气象部门对以往气象工作做了全面的总结，形成《建国以来气象工作基本经验总结》，回顾了新中国30年气象发展历程和主要成就，实事求是地指出了"左"的错误造成的影响，总结了经验和教训。《建国以来气象工作基本经验总结》和《气象现代化建设发展纲要》于1984年1月全国气象局长会上通过，标志着气象事业重新走上了健康发展的道路。

以后，预报改革不断推进和发展，从统计预报、模式预报、专家系统等的建立，直至今日数值天气预报、现代化天气气候预报体系的建立，这一次次的预报改革，推动了气象技术的进步，提高了气象预报的水平。每次预报技术的改革也培养和锻炼了气象科技工作者，一批批优秀的气象科技人才脱颖而出。

周鸣盛和我 1978 年调到天津市气象局，持续不断开展天气气候研究，建立了统计预报方法库，研制了冰冻预报专家系统。我将图像识别技术引入气象业务中，开展了模式识别在气象中的应用研究，一开始是对天气图的人工识别，后来发展到计算机客观的自动识别。后来，在天津还实现了雷达图像的自动识别。虽然我 1988 年退休了，周鸣盛 1994 年也退休了，但我们夫妇二人不忘初心，几十年来依旧在气象上潜心学习，直到 2008 年，我们还和年轻同志合作撰写论文，并在《大气科学》上发表。

在过去的几十年间，我国预报技术的发展虽然曾经受过一些干扰，但是在全国气象科技工作者的努力下，气象部门很快排除干扰，不忘初心，不断探索，不断改革，不断进步，取得了巨大的成绩。

五

目睹暴雨洪灾，开启北方暴雨的
深入研究

　　1949 年新中国成立以后，当时北方的预报员对北方
的暴雨了解得很少，只知道北方有季风雨，但是怎么下雨
的、怎么分布的、雨带如何上来的、雨季怎么发生等都不
清楚。

　　1950 年夏季，北方下了一场暴雨，这次暴雨北京 24
小时雨量达到 163.9 毫米。仇永炎先生对这次暴雨过程做
了研究，但是那时候主要用的是地面观测资料，高空资料
很少。当时只有北京一个探空站，大部分地区还没有探
空。所以仇先生用很少的资料分析了这次暴雨，正确地指

出这次暴雨是热带系统北上引起的，这个文章发表在《气象学报》上，可惜当时没有引起预报员的注意。

1958 年 7 月 14 日至 19 日，黄河三花区间的干流区间以及伊河、洛河、沁河流域出现了暴雨。当时有冷空气从新疆中纬度过来，到了东面，刚好在朝鲜上空有很强的高压，即副热带阻塞性的高压，高压值达到 592 百帕。这个高压加强，且往西移动，它的西侧形成辐合带降水，即产生了黄河暴雨。但是，整个东北受高压脊控制，还是持续少雨的干旱天气。

1960 年，受 5 号台风的直接影响，辽宁下了大暴雨。过去对台风没有太多的认识。这次台风一直进了渤海，在营口登陆。台风减弱以后，整个副热带高压位置偏北。这个时候，西边过来不太强的一个槽，在副高边缘，这样就又在本溪形成很强的暴雨。本溪有一条河叫太子河，因暴雨洪水暴发，造成很大灾害，这个暴雨没报出来。这一年的秋天，我被派往本溪做防霜工作，走到太子河边，看到大铁桥被冲得七零八落，冲下去百十来米。当地的同事告诉我，桥坏了还不是最惨痛的，洪水还没全下来时，300 个年轻人去保卫大铁桥，不知道大自然的力量那么凶，以为能人定胜天，结果这 300 人和桥一块被洪水冲走，转瞬即逝。这些年轻人都是父母的儿子、妻子的丈夫、孩子的父亲，让人心痛。我顺着太子河一路上都能看到白色的衣服、蓝色的裤子。我一路走，一路难受。那时我刚刚去北京看望几个月大的生病的儿子回来，本来还在牵肠挂肚，放不下孩子，看到眼前这一切，我便暂时地忘记了对儿子的想念，满脑子想的都是预报员的责任。灾害就是你听说的和自己亲眼看到的感觉很不一样。1960 年对我来说是很难忘的一年，本溪的洪灾让我深深地认识到，预报员的责任很重大，若我们能够报得准一点，群众的生命和财产损失就能少一点。

1963 年河北发生暴雨。那时候河北省的省会在天津，主要暴雨是在邯郸一带，天津被包围在洪水之中。这次暴雨过程主要是西南涡造成的，它从孟加拉湾上来，到了大陆以后北上，朝鲜上空的高压稍微偏南、偏西，但很强。在这个高压的西边，形成辐合带降水。这次降水总量有的地方达到 1329 毫米，持续 10 天。当时周鸣盛在沈阳中心气象台当预报员。一般情况，河北出现暴雨以后，雨带会往东北走，第二天，也就在 48 小时内，辽宁就会受到影响。但是周鸣盛通过看系统变化，尤其是看 14 时地面天气图上三小时变压，认为这次降水系统移到沈阳的可能性较小，结果确实没过来。当时他的同学游景炎在河北省当预报员。游景炎说，这次过程开始暴雨没报出来，但后来这个形势少变，一直报一直下，连续了八九天，预报服务还不错。

直到东北边的高压撤了以后，这个系统才往东移，最后辽宁才受到影响，整个降水过程也就结束了。

1972年，还是台风暴雨，这次影响范围较小，受灾的主要是沿海的大连、天津等。但这次中央气象台和有关省（市）气象台都没报出来。这时候各气象台预报员大多还下放在农村，像沈阳中心气象台，工程师全部下放农村，周鸣盛和我也在康平县张强公社。

1975年8月，又是台风北上，在福建登陆以后北上来到了河南，发生了"75·8"大暴雨。这场暴雨同样是省气象台、中央气象台都没报出来。老乡们说暴雨将树林子里的鸟都打死了。淮河上游几个水库都垮塌了。洪水把京汉铁路的钢轨卷成麻花，一列火车被卷在里头。"75·8"暴雨造成了几万人的伤亡。这次暴雨中心主要在驻马店一带，过程雨量高达1631毫米，最大日雨量是1005毫米，六小时雨量达到685毫米，一小时雨量为189毫米。面对这么大的雨，敬业的气象观测员们没有疏忽工作，把资料都积累了下来，为日后的研究保留了珍贵的信息。

1978 年，周鸣盛和我调到天津市气象局以后，继"75·8"河南暴雨研究之后，进行了北方暴雨的研究工作。会战组有个技术组，丁士晟任技术组组长。他写信给周鸣盛，邀请他参加北方暴雨研究技术组，这样，北方暴雨研究会战组里也有天津市气象局的人了。丁士晟还告诉周鸣盛，是谢义炳先生推荐他进北方暴雨技术组的。周鸣盛很感动，老师始终没有忘记他，一直在关心他的工作。

从此，周鸣盛和我就开始对暴雨进行更深入和更广泛的研究。周鸣盛系统分析了 1954—1983 年 50 次 200 毫米以上区域性的北方特大暴雨，涵盖的区域包括吉林、辽宁、河北、天津、北京、山西、河南、陕西、宁夏、甘肃 10 个省（区、市），建立了北方暴雨档案。他对北方暴雨时空分布特征进行了分析，发现过往北方所发生的区域性暴雨，主要发生在 6 月 25 日—8 月 27 日，60% 发生在"七下八上"（7 月下旬到 8 月上旬）。从时间上来看，20 世纪 50—60 年代多，70—80 年代少。这 50 次暴雨，都受一个系统即副热带高压影响。在这 50 次暴雨中，有 33 次副高位置较常年偏北，或者接近平均线，占 60%。其中最严重的几次暴雨，像 1958 年 7 月的黄河暴雨，1963 年 8 月上旬的河北暴雨，1975 年 8 月的河南暴雨，1977 年陕西、内蒙古交界的暴雨，1982 年 7 月底到 8 月初河南、河北、陕西边界的暴雨，这些强的暴雨，副高位置都在北纬 34 度以上，有的竟达到北纬 40 度。辽宁省预报员总结出"三带"，即西风带、东风带和副热带高压，指导预报员实际预报，效果很好。

周鸣盛把暴雨的环流形势分成四种类型：

第一类，是槽脊东移产生的暴雨，主要是以西风带系统为主，西边有槽过来，副高也明显与西来高脊连体。在槽前、脊后产生暴雨。这种槽脊东移的暴雨在这 50 次当中出现了 8 次，占 16%。这种暴雨不是特别强。

第二类，是副高西移、低槽东进产生的暴雨。这种形势主要是副高西进，西边的槽过来后，东边的副高不是跟着一块撤，而是仍然由东往西扩展，暖湿空气和冷空气相交产生暴雨。这种暴雨比较常见，在这 50 次里头，有 31 次，占 62%。这类暴雨跟第一类暴雨的区别就是副高不东撤，继续西进。这类暴雨过程降水量大。

第三类，是副高南侧辐合系统造成的暴雨。副高位置特别偏北，南侧的辐合系统上来了。这类暴雨在 50 次中有 6 次，占 12%，次数不多，但暴雨强度大、灾害性强。

像"75・8"暴雨和"63・8"暴雨，都是副高南侧热带系统直接上来产生的北方大暴雨过程。

第四类，是台风北上造成的北方暴雨。台风北上会带来丰沛的水汽，如果重点关注台风的转向就能发现，台风在东经 114 度以东转向，有利于北方东部出现暴雨。

周鸣盛的工作系统地揭示出由夏季风形成的北方区域性特大暴雨的天气学过程，对预报员的业务提供了重要的参考。他的文章发表在 1993 年 7 月《气象》上。

我对 1966—2005 年 40 年里的 27 次台风进行了分析研究。27 次中有 8 次发生在 20 世纪 70 年代，证明 70 年代多雨年份和台风多有关系。就像天津降水最多的 1977 年，这年有 3 次台风影响天津。台风一般是在福建和浙江登陆，北上的台风达到比较偏北的位置时，加上西风带有低值系统配合，就容易产生很大的降水。

北方暴雨会战组是一个研究人员自发的组织，河南"75・8"特大暴雨攻关结束后，该组织就自动解散了。后来在北京大学谢义炳先生的积极支持下，吉林省气象局的丁士晟又组织成立了暴雨科研技术组，谢义炳先生任技术顾问，成员有中国科学院大气物理研究所的周晓平、北京大学的蒋尚城、河南省气象局的席国耀、河北省气象局的游景炎、天津市气象局的周鸣盛、北京市气象局的吴正华、吉林省气象局的丁士晟和辽宁省气象局的张廷治。大家除了完成各自分项的研究，还合作写了《东北暴雨》《华北暴雨》《西北暴雨》。经过这些工作，对于北方暴雨，大家的认识进一步深化了。

1993 年周鸣盛又对"63·8"暴雨和"75·8"暴雨进行了对比分析，发现两个大暴雨有类似的情况：

第一点，两次暴雨降水量特别大，过程降雨量都达 1000 毫米以上。

第二点，这两次过程的系统都是从南边来的。"63·8"暴雨，系统是从孟加拉来到了我国西南地区，形成西南涡东移北上。"75·8"暴雨，是台风从福建登陆以后，往西北走，台风本身到了湖南，但是主要降水发生在驻马店，说明台风上来以后，它的第一象限的东南风急流是很主要的水汽来源。

第三点，这两次过程的东边都有阻塞性的高压。"63·8"暴雨的阻塞性副热带高压是在朝鲜，而且很稳定。"75·8"暴雨阻塞性高压是在长江口，所以它的雨带稍微偏南一点。

关于这个分析的文章发表在 1994 年 7 月的《气象》上。

暴雨科研技术组的工作为我国气象灾害研究做出了重要的贡献。这项工作后来也得到国家气象局的认可。周鸣盛作为参加者，从中收获很大，对北方暴雨的发生有了很系统的认识，对后面的暴雨预报服务起了指导作用。

　　1984 年的暴雨预报服务，说明了北方暴雨研究在预报业务中发挥的作用。

　　华北 20 世纪 80 年代进入少雨阶段，天津 1980—1983 年都是少雨年份。1984 年，天津 6—7 月雨水还是不多。7 月天津月降雨量 81.7 毫米，仅有常年的 44%，相当旱。尤其是 7 月下旬，降雨量仅 3.8 毫米，是有旬降水记录以来第三个少雨的年份，所以当时伏旱就比较厉害。不仅天津甚至整个华北水资源极为短缺，8 月干旱还会不会持续？天津市领导和农委的领导都很着急，对天气变化情况非常关注。

　　8 月 7 日，7 号台风在福建登陆，然后继续北上。8 日，天津市气象台在会商时就提出，这个台风可能要上来。8 日 17 时，气象部门就向市领导做了汇报，而且发布重要信息报告，明确提出 9 日白天到夜间有一次暴雨过程。虽然此时台风距离还比较远，但是通过以前对台风暴雨的研究，预报员已经积累了不少经验，对这种形势的暴雨预报还是比较有把握的。听到这个消息，当时分管防汛的副市长刘俊峰来到市气象局。周鸣盛给刘俊峰副市长进行了详细的讲解，告诉刘俊峰副市长这次降水是能够下的。因为之前的干旱少雨天气，市领导已经布置了动员全市抗旱，听了气象局的讲解，市领导很高兴，因为终于有水了，用水短缺问题能够解决了。为了防止出现灾害，政府部门也同时部署了防汛。

其实在讨论这场降水过程时，预报员的意见还是不一致的，有人认为台风可能要转向，也有人认为台风上不来，经过反复研讨，特别是听取了刘益然、郭大敏等老预报员的细心分析，周鸣盛果断地决定预报这次降水。9日白天雨势不大，雨量也不多，但一直是阴天。有的同志担心这个暴雨会不会如期而至。9日白天到下午，仅为大雨量级。到了9日的傍晚，雨开始加大，入夜以后继续下。这次过程一直持续到10日上午，过程雨量达到了169.6毫米，最大雨量出现在汉沽区，雨量达到313毫米。真是久旱逢雨，天津市本年度的夏季旱象就此结束了。由于气象台的暴雨预报提前了36小时，并及时通知了市里的有关领导和部门，本来全市是准备要抗旱的，马上就转为防汛，同时也获得了这来之不易的珍贵水资源。这次预报服务很成功，效果非常好，市农委还专门表扬了气象局。

周鸣盛总结这次台风暴雨预报的成功，就是因为这些年组织开展北方暴雨研究，对暴雨的认识比以前深入了。比如暴雨前的东南风急流，过去没有人意识到它对暴雨的产生有什么影响，通过研究，对产生暴雨物理过程就有了新的认识，把握了预报的关键点。

20 世纪 90 年代初期，国家气象局副局长章基嘉建议组织全国五大河流暴雨研究，想叫周鸣盛参加。遗憾的是章基嘉因车祸意外去世，这个事情也就撂下了。

六

预报服务失败的痛
是努力科研的动力

冬季，大白菜是北方老百姓主要的看家菜。天津市大白菜收储的时间一般在 10 月底到 11 月初，也就是立冬前。据蔬菜种植的人讲，立冬前大白菜成熟，若天气条件合适，再灌点水，让大白菜吸收水分，白菜还会继续增重包芯，增产增收。气象业务人员在调研中也了解到，这段时间大白菜要是长好的话能增重半斤（1 斤 =500 克）左右，能取得实打实的经济效益。所以气象台就尝试着为农业管理部门和菜农提供这一时期的天气预报，期望争取大白菜能够多生长几天，找到适宜的时间进行砍收，让利益最大化。但这种天气预报的时效在 3 天以上，属中期天气预报。
20 世纪 70 年代初期，天气预报能力还没达到预报时效 3
天以上，很难实现这个想法。

1976 年天津市气象台建立了中期天气预报组，1978
年正式开始对外发布中期天气预报，其内容有旬天气趋势
和未来 3~5 天的天气预报，主要提供给市政府、市农委和
有关单位，以邮寄的方式发送，不向社会公开发布。那时
全市的农业生产由市农委统一管理，有气象服务需求。

1978 年 5 月，周鸣盛调到天津市气象台任工程师，负
责气象台的预报把关工作。他有着多年的长、中、短期预
报经验，5 月到天津市气象台后，即组织天津的气象预报
服务工作。这一年夏季整个预报服务做得都不错，时任天
津市革委会主任的林乎加，在汛期到气象局时还表扬气象
台预报不错，服务效果好。

1978 年，天津市气象台已经有了中期预报的基础，周
鸣盛在辽宁省也有预报冷空气的经验。为了更好地为农业
农村服务，天津市气象台决定开展大白菜砍收期天气预报
服务，将大白菜砍收期预报也就是低温预报列入气象台重
点服务内容。当时天津市气象台没有台长，于恩洪任气象
台副台长主持工作。他一直致力于农业气象的研究，把气

象与农业生产、养殖业结合起来，让气象为农业农村服务。他提出低温预报如果能提前3~5天或者一个礼拜，让菜农能赶在低温天气发生之前及时砍收，这样就能避免大白菜的冻害，多收一些大白菜，也让国家和菜农都增加收入。

周鸣盛觉得，冬季的冷空气预报是比较好把握的，主要是看初冬冷空气活动，只要把初次寒潮预报准就行，加上自己短期、中期、长期天气预报的经验都有，做大白菜砍收期的预报应该是不困难的。1978年秋季，天津市气象台在给市农委提供预报服务的同时，还挑选了几块大白菜种植地，直接为菜农提供天气预报服务，服务内容就是未来5~7天的气温预报。

这一年为大白菜砍收提供气象预报服务，效果是非常好的。从10月底到11月初，气象台一直预报没有强冷空气，事实也确实没有，大白菜砍收延迟到11月的上旬后期。一直到立冬后，还有大白菜继续生长。大白菜增产增收，菜农们对气象预报服务给予一致的好评，农业管理部门也充分肯定了气象部门的工作，预报员还为此获得天津市农委颁发的奖金。

有了1978年的成功实践，1979年天津市气象台继续开展大白菜砍收期的低温预报服务。这年气象局调来一位负责宣传报道的同志，对气象和天气预报的认识和理解不够深入，看到10月下旬到11月这一段的天气趋势预报后，就马上写稿投给《天津日报》和《今晚报》，发表之后影响面很大。到10月底至11月初，根据上一年成功预报的经验，总结了相关的预报指标后，天津市气象台的预报员们认为冷空气比较弱，所以当时预报降温不厉害。农业管理部门和菜农们也因为有过上一年预报准确的体验，而且11月初天气都还挺好，就一直没有砍收白菜，还给大白菜地灌了水。直到11月7日立冬后，仍有许多大白菜没砍。10日前后，发现11—12日会来一次冷空气。这次冷空气从西伯利亚、蒙古过来。周鸣盛和预报员们及台领导分析后，认为这次冷空气会导致降温，但不会降得太低。天津市大白菜造成冻害的气温指标是 -4℃，大家分析这次降温降不了这么多，大概最低气温会达到 -2℃左右，然后就回暖了，对大白菜影响不大。

等降温正式出现了，大家都守着看，的确，这次冷空气各个县站一般就降到零下零点几摄氏度，所以当时都以为这次冷空气就这样过去了，天气会很快回暖。没想到，这个冷空气刚降了温，紧接着从蒙古地区、贝加尔湖又过来了冷空气，比前面的还厉害。12日下午，在分析700百帕的温压场时，发现有很强的冷平流，结果不但没回暖，气温还继续降低了。第二次冷空气过程的最低气温降到了-6.5℃，这是一次极强的寒潮过程。

这次预报服务造成的影响很大，因为时间间隔太短，相关部门和菜农已来不及采取相应措施，好多菜地里都灌着水，大白菜全冻在地里，损失严重，甚至影响了全市一冬的蔬菜供应。直到现在，有人回想起这件事仍然记忆深刻，说那天刚好从北京出差回来，一路上看到的都是冻在地里的大白菜，真是心痛。天津市农委让天津市气象局做深刻检查，气象局领导也对市气象台提出批评。当时天津市气象局上下压力很大，气象台压力更大。因周鸣盛是预报主管，所以他一方面做了工作上的检查，另一方面也对这次过程做了深入的分析。这次寒潮过程其实是两次冷空气的连续入侵，第一次冷空气是西北路径，当时就分析到它是从西伯利亚到蒙古，再向东南，天津降温不厉害。可是不到两天，又有一股更强的冷空气从贝加尔湖到蒙古，再南下，是北方入境的冷空气，第二股冷空气在第一股冷空气已经造成低温的基础上再一次降温。在初冬时期，连续两次冷空气集中下来，而且第一次是西北路径，第二次是北方路径，时隔不到两天，这种情况在预报员们经历的天气个例中还没有出现过，当然，预报员对这次过程也有些大意。

教训是深刻的，也使周鸣盛和预报员们认识到，在业务领域还有很多没做到的工作。这之后，业务人员加强了对寒潮和冷空气活动以及大白菜冰冻预报技术等方面的研究。1980年开始，天津市气象部门围绕着天津市大白菜种植的气象服务工作开展了一系列的科研。周鸣盛组织预报员开展了天津初冬冷空气活动中期天气分析预报方法研究；我组织业务人员开展了天津市初冬冻害预报专家系统研究，这项工作汇集了天津市气象台的老预报员和恢复高考后首批毕业的大学生预报员的精心工作，参加了1978年和1979年大白菜冰冻预报的预报员们的经验和教训尤其重要。另外，我们还开展了大白菜估产遥感技术研究、大白菜砍收期气象预报服务经济效益评价研究等。

经过不断的技术研究，以及对预报服务工作的方式方法的改进，天津市的初冬冻害预报水平有了明显的提升。

七

坚守初心，做研究型预报员

周鸣盛和我自选择了气象，就下定决心做好预报员，不忘前辈的嘱托和期望。坚持科学研究是做好预报员的基础。无论在什么环境下，只要是在业务岗位上，我们都努力做科研。

1972 年冬，周鸣盛和我从张强公社调到铁岭地区气象台，第二次踏入气象大门。周鸣盛又重新担负起长期预报的业务，算是干回老本行了。那时候，预报方法除了杨鉴初的历史演变法以外，都是各自找预报指标的统计关系，得出的预报结论各说各的，没有一个可以通行的方法。所以他一直想建立一个制作长期预报通用的模式。经过两年的努力研究，他终于有了一些心得。因为铁岭站的观测资料年头短，做研究用的是附近开原气象站的数据，开原从1925 年就有降水记录。综合长期预报的基本思路，周鸣盛归纳了四个长期预报需要考虑的方面：一是长期气候的背景；二是盛夏降水的年际变化特点；三是前期天气气候综合相似分析；四是较近期预报指标的使用。

1974 年 7—8 月降水量预报，周鸣盛就以上述四个方面综合判断，并将这次的预报实例写成文章《1974 年盛夏降水趋势长期预报的分析与总结》，寄给了中央气象局科技情报所，很快在 1975 年第 5 期《气象科技》发表了。这是那些年中国唯一公开发行的气象科技刊物。文章引起了中央气象台同行们的关注，周鸣盛因此被特邀出席 1976 年 4 月在石家庄召开的全国长期预报经验交流会。之所以"特邀"，是因为那时地区级预报员按惯例是参加不了全国大会的。会上还重点推荐了周鸣盛的那篇文章。说起这件事来，周鸣盛颇有几分得意，因为当时没有人把气候背景作为当年的长期预报因子来考虑，长期预报所找的预报依据也各自分散，任意性大，逻辑性差。而他把相似与不相似作对比分析的思路，更有新意，也显得客观。所以他的这个方法在 1977 年被选入北京大学地球物理系气象专业的《气象站天气分析预报基础》教材中。能够把预报结论用一个通用的模式加以集成，这在当时对长期预报方法是一个突破，也是一点小小的创新。

到天津以后，周鸣盛为了熟悉当地的天气气候特征，将 6 月、7 月、8 月三个月 500 百帕的平均形势作了对比分析，揭示出盛夏雨水多和少的年份，其大气环流运行是有本质区别的。分析文章《海河流域夏季旱涝长期天气过程的分析》，发表在 1981 年第 3 期《气象学报》上。

1980 年夏季，我国发生了南涝北旱的异常天气。周鸣盛通过研究揭示出：当年夏季亚洲上空，中纬度地转西风急流带，比常年偏北 10 个纬度，与典型大旱年（1968 年）基本一致；西北太平洋副热带高压位置偏南，月平均脊线在 25°N 以南，印度低压强烈发展，中心在 20°N 以北，低压环流扩展到 31°N，从低压中不断有低值扰动沿着副高北缘向东移到江淮流域，造成这一带地区持续多雨，而且形势稳定，其主要环流特征至少在 5 月就已基本形成（中央气象台 1981 年 1 月 12 日发的 1980 年长江流域梅雨开始日期是 6 月 9 日，较平均日期早 7 天；出梅日期是 8 月 31 日，较平均偏晚 53 天）。

周鸣盛撰写了《1980 年夏季我国南涝北旱的大气环流异常》一文，发表在《1980 年夏季我国异常天气分析预报技术文集》上。

1983 年 4 月 25—27 日，我国东部至沿海地区出现了一次极为罕见的爆发性发展的黄河气旋。气旋不断加深，24 小时内气压下降达 24 百帕或以上，这也就是人们所说的"气象炸弹"。这次黄河气旋是在我国大陆上第一次发现的"气象炸弹"，它使得华北大部和东北地区普降大到暴雨，黄淮地区、东北大部、黄海中部和南部以及华北平原东部出现了 5~7 级大风，渤海、黄海北部出现了 6~8 级大风，阵风达 10~12 级，山东泰山、沂蒙山区及苏皖北部还发生了龙卷和冰雹。周鸣盛在分析研究中，揭示出一些新的天气学事实：地面气旋发生在整个对流层大气南支急流的左侧，其动力机制可称为气旋发展的正压过程，这在动力气象学理论上提过，但没有见过系统的论证，更无实例。他把这个极为难得的个例，写成文章《一次暴发性的春季黄河气旋发展过程》发表在 1986 年《气象》第 1 期上。他在文章中指出：这次发生在亚洲 40°N 以南的弱冷低槽东移，与强劲的西南风急流相遇，在地面弱冷锋倒槽中生出气旋。当气旋接近对流层急流的左侧时，在强烈的气旋性切变涡度作用下爆发性地加深。1992 年 3 月，北京大学的张元箴老师在她编著的气象出版社发行的《天气学教程》中，收录了周鸣盛的这项工作成果，在教科书中引用了多段原文。周鸣盛说由于自己理论水平较低，没有能力对1983年春季的这个爆发性气旋作更深的工作。这是一个十分珍贵的实例，很值得搞动力气象理论的学者再去作深入的研究。

1980年以后华北夏季降水明显呈减少趋势，干旱现象引起多方面关注，我对干旱发生的环流异常进行研究，发现形成干旱主要有三种基本流型：高压控制型、长江流域高压控制型和西北气流控制型。我撰写了《华北平原夏季干旱的天气气候分析》文章，发表在北京大学出版社1987年《北方天气文集》（6）上。该文得到了国内气象界的认可，被多方引用。

结合长期预报业务，我根据1993年资料分析研究，揭示出印度夏季风雨量与我国华北夏季降水有相似的气候统计特征，而且两者存在稳定显著的正相关关系，华北夏季降水量的多少与印度夏季风雨量丰歉在春季有共同的先兆，我因此撰写了《印度夏季风与我国华北夏季降水量》文章，发表在1988年《气象学报》第1期上，学报还将该文译成英文，与国外学术界做了交流。

随着计算机的引进，1985年，我结合老预报员郭大敏等人的预报经验，带领新毕业的大学生研制了初冬冻害预报专家系统。当年 11 月开始业务运行，取得了良好效果，总结出来的经验写成文章《在冻害预报中应用专家系统的体会》，发表在 1986 年 11 期的《中国气象》上。专家系统在当时是先进的技术方法，1986 年，国家气象局举办全国微机应用展览，我代表天津市气象局去作展览讲解。不久，我又与天津大学合作，开展人工智能图像识别在预报分析中的应用，我与天津大学的教授联合带研究生，完成这项创新的工作，至今天津市气象台与天津大学合作的识别技术研究仍在持续。我还应用人工智能识别方法，把杨鉴初的历史演变法进行客观化，作出了全国气象站降水量的年度预测。

长期预报业务很注意冬夏气候响应，我与同事们揭示出冬季的南支急流与夏季降水存在着统计关系，并依此建立了预报方法，使用效果很好。我写的文章《Winter Asia Jetstream and Seasonal Precipitation in East China》发表在 1994 年第 3 期的英文版《大气科学进展》上。

1988 年夏，年满 55 周岁的我退休了，但我对天气气候的研究没有中断。1992 年，临近退休的周鸣盛也不再担任天津市气象局总工程师职务，作为正研级高工，他主动要求到气象科学研究所继续从事天气气候研究。

气象界一直说，中国位于地球上最著名的东亚季风气候区，那么它的大气环流运行究竟与同纬度的其他地区有什么不同？似乎没有人做过研究，人们对此没有什么认识。周鸣盛用中央气象台的《三十年北半球高空 500 百帕图》，研究各月等压面平均高度的差异，揭示出东亚地区是同纬度一年中大气压力变化最大的地方。而对应看地球彼面的北美大陆，高空的大气运行几乎变化不大，常年维持冷性低槽，可是近地层自冬至夏空气受热，形成了整个大气层结上冷下热的不稳定状态，极有利于发生对流性天气。因此，东亚季风雨带活动显著，北美大陆则成了地球上发生雷暴、龙卷最盛的地方，两地的天气气候是完全不一样的。周鸣盛撰写了《东亚与北美大气环流区域性特征的比较研究》文章，发表在 1992 年《气象》杂志第 6 期上。

1993 年是"63·8"暴雨的三十周年。河北省气象局的游景炎提议，召开纪念会并进行学术交流。1993 年 6 月初，会议在河北省气象局召开，邀请了中央气象台、北京市气象局、天津市气象局和河北省气象局的预报员们参加。周鸣盛将"63·8"暴雨与"75·8"暴雨发生的天气学过程做了系统的对比分析，作为主题报告在会上发言，获得好评，会后，以专论发表在 1994 年 7 月《气象》上。文章还引起了北京大学仇永炎教授的关注，他主动发信给周鸣盛进行交流。仇先生是教周鸣盛普通气象学的启蒙老师，自己的研究受到老师的重视，使周鸣盛很感动。

1993 年 11 月 18 日，华北地区遭受了极其严重的冻害。当日 08 时的天气报告中显示：北京的气温 -6℃，天津的气温 -7℃，石家庄的气温 -4℃，太原的气温 -6℃，呼和浩特的气温 -17℃，而且内蒙古东部的大部分地区气温都在 -25℃以下，其中多伦竟达 -30℃。天津这天的最低气温实况是 -6.5℃，普查这一日天津历史上气温的极端最低记录，只有 1979 年曾出现过 -6.5℃，本次低温追平历史极值，表明这是一次极为异常的初冬严寒天气。

周鸣盛对这次严寒天气过程进行了深入的分析研究，他把 1993 年与 1979 年 11 月同一日两次强降温作比较，消除了影响温度的天文因素，再分析其大气环流成因。1979 年是强冷空气整体从西伯利亚南下，造成我国大范围的降温。而 1993 年则是小股冷空气到了华北，与南来的暖湿空气相遇，在内蒙古东部下了一场大雪，次日天空转晴引起的雪面降温。所以这次降温的低温中心在内蒙古的多伦地区，这里也是雪下得最大的地区。这揭示出，这是两类不同物理过程的降温。

周鸣盛经过科学计算和两次实例的对比，给出了一个惊人的数字，晴空早晨新雪面上的气温要比平常的状况下降11℃，显示出雪面辐射冷却非常厉害，大大超出了人们的想象。一般来讲，净雪面降温的真实数字是无法直接观测到的，所以这个成果对降温预报很有意义，更有科学价值。周鸣盛关于这一研究的论文发表在1997年第2期的《气象学报》上。

每年的7—8月是我国北方的雨季，气象部门和地方政府防汛责任重大，同时，这也是一年之中储蓄水资源的关键时期。周鸣盛自1954年参加工作当预报员，前十年几乎年年遇到夏季发生洪涝，很少出现夏旱。后来十年也还是以多雨为主，直到1980年，降水趋势出现转折，常常是持续少雨，华北缺水的情况变得严重。因此，在20世纪80年代后期，汛期天气预报服务既要关注暴雨，也要警惕夏旱。周鸣盛自我加压，着手分析更长时效的天气变化，以此判断是否可能出现伏旱。到了盛夏7月中、下旬的防汛抗旱的关键时刻，周鸣盛在气象台主持召集长、中、短期天气气候分析预报的大型会商会，并介绍了自己的研究与分析结果。他很赞成欧洲预报中心提出的"天气气候一体化"的学术观点，他认为天气就是直接影响的高低气压和冷暖锋面，气候则是大气环流背景。

1989 年 5 月，周鸣盛密切注意入夏以来天气形势的演变。进入 7 月下旬，看到朝鲜半岛上空有副热带性质的高气压在发展，周鸣盛想到，他曾在 1958 年盛夏见到过这个形势，欧洲中期天气预报中心也预报未来这高压还会加强，并有西移的趋势。周鸣盛根据经验判断，这是典型的华北伏旱的大气环流形势，他立即去找王文辉局长，提出他的预报意见，即后期少雨。王文辉局长是刚从内蒙古气象局调来天津市气象局的，他对周鸣盛的意见半信半疑，因为这时正处在"七下八上"的盛汛期，要做出今年天气形势异常少雨的预报，将会直接影响到政府在汛期所采取的应对措施。第二天，这种形势持续，高气压范围扩大，势力增强，周鸣盛认为预报少雨的把握性更大了，便再次向王局长汇报，并建议向市领导汇报，未来 7 月下旬后期至 8 月上旬，雨水不多，要注意防旱蓄水。于是，天津市气象局的王文辉局长、邓世光副局长和周鸣盛总工一起去向市领导做了汇报。

这年盛夏果然出现了罕见的伏旱，天津 7 月总降水 109.2 毫米，只有常年的六成，而且主要下在上、中旬，下旬以后至 8 月持续少雨，8 月全月特少，降水仅 39.6 毫米，约为常年的四分之一，是有气象记录以来的第二个少雨年。

周鸣盛一直关注华北夏旱，他认为短期天气预报主要关注的是"下雨"，而不太关注"不下雨"。可是持续多日不下雨，就发生旱情了。干旱灾害的损失有时比一场暴雨还严重，它发生在晴朗的好天气下，不容易被感觉到，事后发现受灾就已经晚了。所以干旱预报也非常重要。但干旱预报涉及短、中、长期天气气候预报，而且预报还担着风险，万一预报失误，预报不下雨却出现暴雨，那责任就大了，因此预报员也不敢轻易预报少雨或不下雨。这个难题一直存在着。

早在 1958 年，周鸣盛正在沈阳中心气象台值中期预报班，7 月上旬，在朝鲜上空出现极强的副热带高气压单体，从多方面的因素分析，这一副高单体比较稳定少变，并有向西移动的趋势，受其影响，东北少雨的天气一直延续了十四五天。可见，干旱灾害的形成有着大气环流演变的自身规律。

周鸣盛将那次东北夏旱天气作了分析研究写成文章，于 1959 年 12 月在北京饭店召开的中苏大气环流学术会议作了报告，题目为《盛夏朝鲜上空的副热带阻塞高压》，也是从那次开始，他产生了对北方夏季干旱的特别关注。

周鸣盛在做北方暴雨天气气候研究时，对东亚盛夏大气环流有了更深的研究。他分析了500百帕西北太平洋副热带高压588线的形状、位置、中心强度和中高纬度西风带长波槽脊的分布，以及急流的走向和台风的活动等，这些都引起他对中国北方可能发生的旱涝天气的联想、好奇心和使命感，促使他很想去啃夏旱形成原因和夏旱预报这块硬骨头。

1993年，周鸣盛找到当时的国家气象局副局长马鹤年，要求搞华北干旱研究，马鹤年副局长把他推荐给科教司。科教司说当年预算的项目经费已经没有了，还说有考虑过让中国气象科学研究院研究华北干旱问题，但还没有人认领这个课题。1994年周鸣盛再去找国家气象局科教司，科教司同意先上华北干旱预研究，拨给十万元课题经费。周鸣盛联系了北京市气象局的吴正华、河北省气象局的游景炎和中国气象科学研究院（简称"气科院"）的徐祥德，课题组基本成型。这时周鸣盛接到科教司的电话，说："你已经退休，不能主持课题了。"周鸣盛在电话里表示主持人将由气科院的徐祥德担任，这样，"华北干旱预研究"项目获准。主持单位由天津市气象局改成气科院，周鸣盛继续完成项目填表等具体工作。项目研究成果之一，徐祥德主编的《华北干旱预研究进展》一书，由气象出版社 1999 年 1 月出版发行。

1998 年，周鸣盛正式从办公室回家，离开了工作岗位。但是他对气象问题的思考却没有停止过。我们二人在讨论过程中，觉得东亚大气环流的运行自初夏至盛夏有延续性，应该做些研究工作。于是，我们便去找气象台的刘益然台长，这是一位为人正派、有事业心、能够团结共事的好同志。刘益然台长牵头申请课题，以气象台年轻同志为主组成课题组，周鸣盛和我参加了研究工作。通过研究，又揭示出我国华北上空初夏 6 月的大气环流状况，很大程度地影响着后期盛夏（7—8 月）天津地区的降水，这一结论既有预报意义，又有天气气候学术价值。课题组的第一篇文章，周鸣盛组织撰写的《天津盛夏降水趋势与初夏华北高压的统计分析》，发表在 2004 年《气象科技》第 6 期上。第二篇我组织撰写的文章《华北盛夏旱涝的环流型特征及其在初夏的预兆》，发表在《气象学报》2006 年第 3 期上。第三篇文章，我组织撰写的《亚洲中部春夏季大气环流持续性异常与我国东部夏季旱涝的关系》，发表在《大气科学》2008 年第 5 期上。

2007 年，为纪念谢义炳院士诞辰 90 周年，北京大学编纂了《江河万古流——谢义炳院士纪念文集》，周鸣盛和我也寄去了纪念文章，还附上科研论文《北半球中纬度大陆与海洋上空大气环流持续性的对比分析》。正是谢先生带领我们进入气象科学的大门，给我们树立"建立东方学派"的大目标，才让气象事业成为我们夫妇二人一生的追求。

周鸣盛、梁平德 1957—2008 年发表著作、文章

1. 大气环流研究

[1] 辽宁省环流型（草案）说明 // 《辽宁气象文集》，1964 年 6 月．

[2] 盛夏我国东部上空盛行风场和季风雨带 // 《北方天气文集》（4），北京大学出版社，1983．

[3] 盛夏华北气候锋区特征．《天津气象》，1987，1–2 期．

[4] 我国东部季风发展过程和大气层结变化 // 《北方天气文集》（6），北京大学出版社，1987．

[5] 东亚与北美大气环流区域性特征的比较研究．《气象》，1992 年 6 月．

[6] 80 年代北半球冬季大气环流的变化特征．《天津气象》，1992 年 1 期．

[7] 北半球中纬度大陆与海洋上空大气环流持续性的对比分析 // 《江河万古流——谢义炳院士纪念文集》，北京大学出版社，2007．

2. 天气过程分析与预测

[1] 1955 年 7 月 11—13 日渤海气旋的锋面分析．《天气月刊》，中央气象局，1957 年 2 月．

[2] 1960 年 5 号台风初步分析．《辽宁气象文集》（第一集），1964 年 6 月．

[3] 一次暴发性的春季黄河气旋发展过程.《气象》，1986年1期.

[4] 在冻害预报中应用专家系统的体会.《中国气象》，1986年11月.

[5] 天津市1984年7号台风低压大暴雨过程分析预报//《北方天气文集》(6)，北京大学出版社，1987.

[6] 我国东部一次气象炸弹发展过程中副热带急流的活动特征//《谢义炳教授从事气象工作五十周年（1937—1987）科学报告会论文摘要》，1987年5月.

[7] 中国北方区域性特大暴雨环流分型.《天津气象》，1989年3期.

[8] 天津一次初夏暴雨的中尺度特征.《气象》，1990年12月.

[9] 强对流天气研究综述.《天津气象》，1992年2期.

[10] 我国北方50次区域性特大暴雨的环流分析.《气象》，1993年7月.

[11] 盛夏中国北方的超强区域性持续暴雨.《气象》，1994年7月.

[12] 一次雪面降温引起的异常寒冷天气分析.《气象学报》，1997年2期.

3. 中期天气预报与中期天气过程

[1] 盛夏铁岭持续多雨阶段的初步分析//《辽宁天气预报技术经验选编》(2)，1975年8月.

[2] 试论华北夏季关键时期旱涝中期趋势预报.《天津气象》，1990年1期.

[3] 欧洲中心中期数值预报产品的应用分析.《天津气象》，1991年月3/4期.

[4] 中期数值预报产品应用的人工智能方法.《天津气象》，1991年3/4期.

[5] 华北平原盛夏中期旱涝天气过程的分析和预报.《天津气象》，

1995 年 2 期．

[6] 模式识别在旬环流分型和中期预报中的应用 //《华北干旱预研究进展》，气象出版社，1999 年 1 月．

[7] 天津盛夏无雨和多雨环流特征的定量分析 //《气象学术论文集（天津）》，2000 年．

4．长期天气过程的分析与短期气候预测

[1] 综合优势相似法 //《辽宁天气预报技术经验选编》（1），1974 年 4 月．

[2] 1974 年盛夏降水趋势长期预报的分析与总结．《气象科技》，1975 年 5 期．

[3] 20 世纪以来沈阳气候演变的初步分析 //《技术材料汇编》，东北区域气象中心，1975 年 6 月．

[4] 1974、1975 盛夏降水趋势长期预报的分析讨论（一个长期趋势预报模式）//《1976 年全国长期天气预报经验交流会技术材料选编》，1976 年 12 月．

[5] 海河流域夏季旱涝长期天气过程的分析．《气象学报》，1981 年 3 期．

[6] 1980 年夏季我国南涝北旱的大气环流异常 //《1980 年夏季我国异常天气分析预报技术文集》，北京气象中心，1982 年．

[7] 关于华北夏季低温的初步分析 //《北方天气文集》（5），北京大学出版社，1984．

[8] 华北平原夏季 6—8 月降水量的多元回归预报方法．《气象》，1985 年 8 期．

[9] 我国东部的盛行风场与夏季华北降水量的长期预报《气象学报》，1986 年 1 期．

[10] 华北平原夏季干旱的天气气候分析 //《北方天气文集》(6)，
      北京大学出版社，1987 年 6 月.

[11] 印度夏季风与我国华北夏季降水量《气象学报》，1988 年 1 期.

[12] 冬季 500 hPa 地转风场与天津夏季降水.《天津气象》，1988 年
      3 期.

[13] 天津夏季旱涝趋势长期预报业务系统 //《长期天气预报学术研
      讨会论文摘要》(17 号)，中国气象学会，1989 年.

[14] 印度夏季风与我国北方暴雨.《宁夏气象》，1989 年 4 期.

[15] ENSO 事件与华北夏季降水关系的初步分析 //《长期天气预报
      论文集》，1990 年 3 月.

[16] 厄尔尼诺和印度夏季风与我国北方 6—9 月降水.《海洋预报》，
      1990 年 4 期.

[17] 平流层风准两年震荡与华北夏季降水 //《长期天气预报论文集
      (1986—1990)》，1992 年.

[18] 天津和东京气温演变的对比分析.《天津气象》，1993 年 3 期.

[19] 海滦河流域旱涝长期天气过程的初步分析.《河北气象》，1993
      年 4 期.

[20] Winter Asia Jetstream and Seasonal Precipitation in East China.
      《Advancesin Atmospheric Sciences》，1994 年 11 卷 3 期.

[21] 天津地区春旱统计模态 //《华北干旱预研究进展》，气象出版社，
      1999 年 1 月.

[22] 华北干旱气候灾害 //《华北干旱预研究进展》，气象出版社，
      1999 年 1 月.

[23] 再论综合优势相似法 //《华北干旱预研究进展》，气象出版社，
      1999 年 1 月.

[24] 一种人工智能技术在夏季旱涝预测中的应用 //《华北干旱预研

究进展》，气象出版社，1999 年 1 月．

[25] 天津盛夏降水趋势与初夏华北高压的统计分析．《气象科技》，2004 年 6 期．

[26] 华北盛夏旱涝的环流型特征及其在初夏的预兆．《气象学报》，2006 年 3 期．

[27] 亚洲中部春夏季大气环流持续性异常与我国东部夏季旱涝的关系．《大气科学》，2008 年 5 期．

5．其他

[1] 铁岭地区气温和农业产量的初步探索 //《辽宁天气预报技术经验选编》（2），1975 年 8 月．

[2] 相关场的显著性检验．《天津气象》，1989 年 2 期．

[3] 华北降水资源开发的气象对策 //《中国干旱、半干旱地区气候、环境与区域开发研究》，气象出版社，1990 年．

[4] 气候增暖浅析．《天津农业区划》，1991 年 1 期．

[5] 气候变暖与天津粮食生产的关系《应用气象学报》，1993 年 1 期．

[6] 地表水资源与天津粮食产量的宏观分析．《气象》，1995 年 6 期．

[7] 全球增暖背景下的天津城市气候变化 //《华北干旱预研究进展》，气象出版社，1999 年 1 月．

6．著书

[1] 梁平德（主编）.模式识别及其在气象中的应用.气象出版社，1992 年．

[2] 梁平德（参与编写）.天津通志·气象志.天津社会科学院出版社，2005 年．

[3] 梁平德（参与编写）.中国气象灾害大典·天津卷.气象出版社，2008 年．